LES

RACES LATINES

DANS LA BERBÉRIE SEPTENTRIONALE

PAR

LE DOCTEUR LANOAILLE DE LACHÈZE

MÉDECIN MAJOR DE PREMIÈRE CLASSE

LIMOGES

BARBOU FRÈRES, IMPRIMEURS-LIBRAIRES

1878

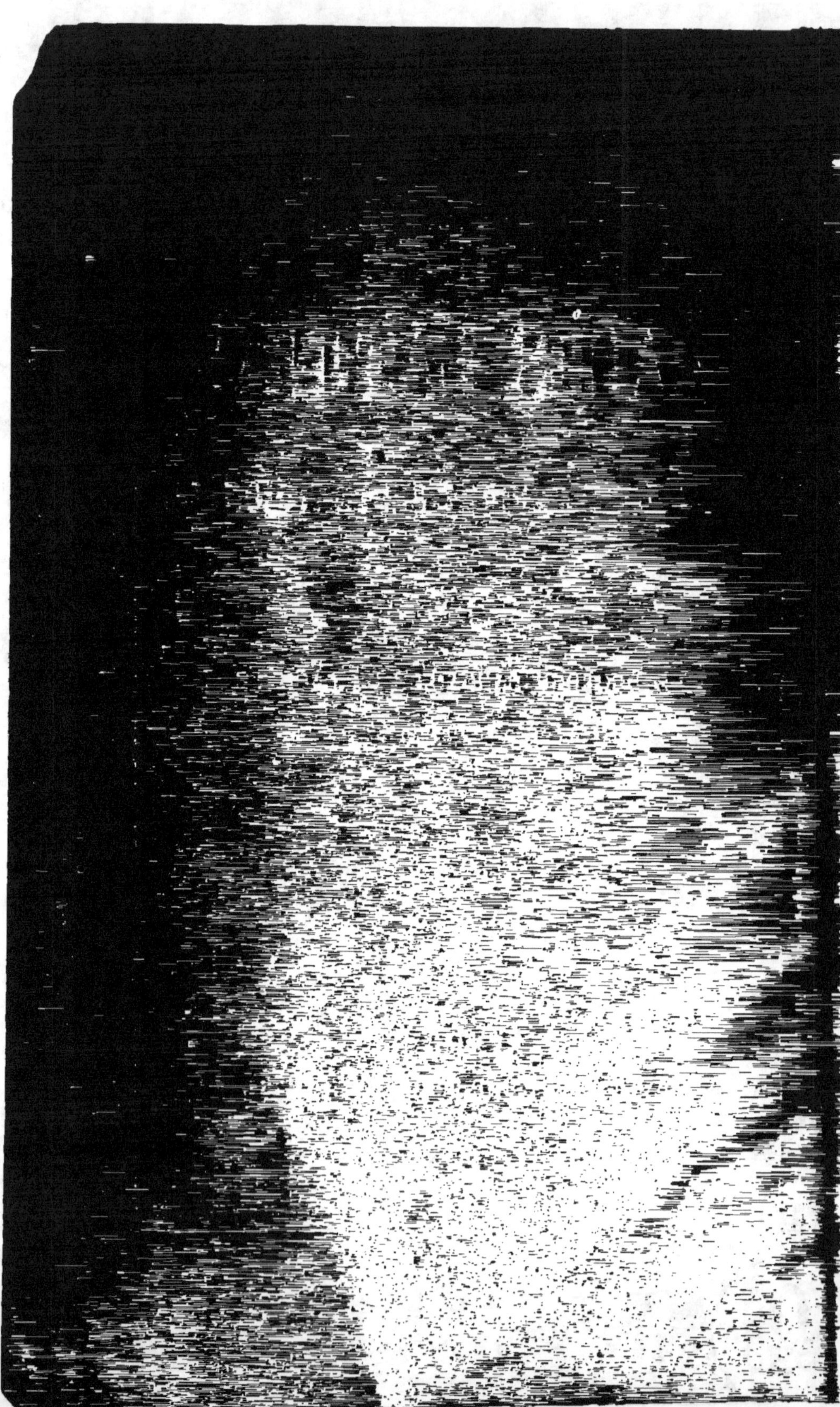

LES

RACES LATINES

DANS LA BERBÉRIE SEPTENTRIONALE

PAR

LE DOCTEUR LANOAILLE DE LACHÈSE

MÉDECIN–MAJOR DE PREMIÈRE CLASSE.

LIMOGES

BARBOU FRÈRES, IMPRIMEURS–LIBRAIRES.

—

1878

LES
RACES LATINES
DANS LA BERBÉRIE SEPTENTRIONALE

Du jour où les progrès de la navigation ont permis à l'Européen de franchir les limites du Vieux-Monde et d'explorer successivement les diverses parties habitables du Globe, l'homme civilisé a dû reconnaître qu'il ne lui est pas possible de s'aventurer impunément sous toutes les latitudes pour s'implanter partout à côté des races autochthones. Lorsque ses plus belles espérances d'avenir, ou les nécessités inévitables de sa destinée, le déterminent à s'expatrier vers des contrées lointaines, il lui arrive presque toujours de sentir son organisme ébranlé par les conditions nouvelles où doivent s'accomplir désormais les diverses phases de son existence. Il éprouve dans tout son être des perturbations multiples dont les tristes conséquences se font en général sentir avec d'autant plus de violence qu'il s'est plus brusquement transporté vers des régions plus chaudes. Dès son entrée au pays d'adoption, il lui faut soutenir une double, une incessante lutte, et contre l'élévation de la température, et contre un certain nombre de productions telluriques morbigènes que développe la chaleur.

Tout d'abord, le danger n'est point apparu avec sa gravité réelle. On a pensé qu'après avoir traversé les premières épreuves du changement de climat, le nouveau venu se trouvait aguerri pour l'avenir, et que sa descendance elle-même n'avait plus rien à redouter de ce côté-là.

Ainsi, au cours du XVIIIᵉ siècle, des aventures extraordinaires se sont accomplies dans les Indes, avec une sorte de fureur inconsciente. Les gens partaient en toute hâte pour aller loin au-delà des mers tenter la fortune, sans que la passion du gain laissât à aucune intelligence le loisir d'interroger par avance les possibilités vitales du nouveau milieu. Cependant une large part des immenses déceptions qui ont suivi revient sans conteste à l'action, pernicieuse pour notre race, de pays où les impressions extérieures s'éloignent tant de celles que l'on ressent en Europe.

Ce n'est pas que le pouvoir complexe des climats n'eût, dès longtemps, par quelques points, révélé son importance à l'antiquité classique. Hippocrate, à qui toujours on peut remonter avec la certitude de trouver dans ses œuvres les grandes lignes de toutes les questions relatives à la conservation de la vie, a écrit un traité sur *l'air, les eaux et les lieux*, où, dans de nombreux passages, son génie s'applique à interpréter les influences multiples du sol, de l'atmosphère et du soleil. Mais il faut arriver à notre époque pour voir l'étude méthodique des migrations humaines se développer avec une ampleur magistrale et conduire aux resultats pratiques les plus importants, quoique naguère encore absolument ignorés. Maintenant on a la certitude que le changement de climat imprime au corps et à l'esprit des modifications profondes, dont l'appréciation raisonnée forme, sous le nom d'acclimatement, une branche importante de l'anthropologie. C'est presque la naissance d'une science nouvelle. Le peuple anglais, stimulé par le soin de possessions coloniales immenses, s'étendant sous les ciels les plus divers, a grandement contribué à sa création. En France, de nombreux auteurs, médecins de la marine et de l'armée, officiers des armes savantes, explorateurs indépendants et aventureux, lui fournissent aussi chaque jour un large contingent de connaissances précieuses. Déjà son étude est assez avancée pour que l'on puisse affirmer, avec M. Bertillon, que « la question d'acclimatement, si peu aperçue de la plupart des historiens, joue un rôle important dans les dénouements de l'histoire. »

On distingue un grand et un petit acclimatements.

Le petit acclimatement s'établit en quittant le lieu d'origine pour choisir comme patrie d'adoption un pays peu différent de lui par l'ensemble de ses caractères climatériques et topographiques. La distance qui sépare le point de départ du point d'arrivée, minime le plus souvent, atteint dans certain cas jusqu'à une demi-circonférence terrestre, comme on le voit, par exemple, à la ressemblance que les actions ambiantes ressenties dans la Nouvelle-Zélande et en Tasmanie présentent avec les lois de l'existence dévolues par la nature aux parages méditerranéens.

Le grand acclimatement résulte de l'ensemble des modifications organiques, compatibles avec la perpétuation de la race, amenées par le passage rapide d'un milieu déterminé à un milieu tout autre. Le chemin parcouru correspond d'ordinaire à une différence de latitude assez considérable. C'est ainsi que les Boërs, Hollandais d'origine, prospèrent depuis deux siècles au voisinage du cap de Bonne-Espérance, dans une contrée ne rappelant en rien les traits caractéristiques de la mère patrie. Mais les deux climats peuvent se trouver sous les mêmes parallèles et n'être séparés que par une faible distance géographique. Un contraste de ce genre s'observe au Mexique, où les exigences de la vie sur les hauts plateaux et dans les terres chaudes se ressemblent si peu que les Indiens de l'intérieur ont plus à souffrir de la fièvre jaune que les émigrants européens quand ils viennent à la Véra-Cruz, où cependant notre race s'étiole et disparaît vite sous l'influence combinée de la haute température et des endémies locales.

L'examen attentif de faits nombreux, fournis par les évolutions historiques des peuples les plus divers, montre que le grand acclimatement a été jusqu'ici, le plus souvent, fatal à l'homme. En règle très-générale, l'homme qui change brusquement de climat dépérit et ne forme pas souche, ou bien sa descendance disparaît en un temps plus ou moins limité.

Seul, le petit acclimatement est toujours possible.

Cette division de l'acclimatement en deux classes distinctes ne doit présenter à l'esprit aucun caractère tranché ou absolu, car les nuances des climats varient à l'infini avec les latitudes et suivant la configuration topographique de chaque localité : mais l'ethnologiste aura tout avantage à l'adopter, pour grouper méthodiquement ses idées, quand il voudra commenter le passé, ses grandeurs et ses ruines, comme aussi lorsqu'il entreprendra de mettre en jeu les ressources de l'induction, pour poser et résoudre les problèmes d'avenir des colonies nouvelles.

Les données qui précèdent suffisent à faire comprendre l'esprit dont s'anime cet article. Elles y servent de guide à l'appréciation particulière des faits anciens et modernes relatifs à la présence des races latines sur l'étroite bande africaine située au nord du 34ᵉ degré de latitude boréale, c'est-à-dire dans une zone à laquelle appartenaient autrefois le territoire de Carthage, la Numidie, plus une portion restreinte de la Mauritanie, et qui renferme, à notre époque, de l'est à l'ouest, la Tunisie, le Tell avec hauts plateaux de nos trois départements algériens et l'extrémité nord du Maroc.

Cette région Berbère, visitée à travers les siècles par d'incessantes invasions venues tantôt du nord, tantôt de l'orient, forme une sorte de presqu'île dont l'Océan Atlantique mouille les bords à l'ouest sur une faible étendue. La longue ligne de ses rivages du nord et de l'est baigne dans la Méditerranée, et sa côte méridionale confine à l'immensité des sables brûlants de l'Afrique centrale. Sans aucune démarcation précise, son isthme la rattache largement par le sud-ouest à la masse du territoire marocain, qui constitue avec elle une seule et même expression géologique, mais où le climat, en gagnant le sud, s'éloigne par degrés successifs de celui de l'Europe méridionale, pour imprimer de plus en plus la physionomie des zones chaudes, à une contrée d'ailleurs fort peu connue de la civilisation.

Les caractères climatériques généraux de la Berbérie septentrionale sont presque constants, presque semblables à eux-mêmes sur tous les points de sa surface. Ils forment un groupe naturel dont les extrêmes ne présentent entre eux aucune exagération. La différence des climats d'Alger et de Bouçada ou même de Biscra, n'est certes pas plus considérable que celle que nous observons en France entre Mézières et Nîmes ou Perpignan.

L'élévation moyenne du sol est prononcée. Plusieurs chaînes de montagnes, en s'étageant les unes derrière les autres, avec une direction est-nord-est ouest-sud-ouest, parallèle à la côte nord, forment un vaste massif, dont le relief, loin d'atteindre encore l'altitude où se produit une dépression grave de l'organisme connue sous le nom de mal des hauteurs, abaisse suffisamment la température pour exercer une influence très-salutaire sur la santé des habitants. Les frissonnements de la malaria ne sont pas aussi redoutables au milieu de ses vallons qu'au sein des plaines inférieures. Sous ce rapport, l'Atlas fait sentir son action comme les autres montagnes du Globe. Il possède, en outre, l'avantage tout particulier de protéger, dans une certaine mesure, l'ensemble du pays contre les souffles ardents du sud, vents de sable bien moins terribles ici qu'en Egypte, où la basse vallée du Nil, ouverte du côté du Sahara, étouffe chaque fois que le Simoun s'élève du grand désert de Libye.

Malheureusement, on ne trouve aux alpes Berbères qu'un régime hydrographique d'une pauvreté déplorable. Par leurs contre-forts, comme par leur direction principale, elles découpent la contrée en de nombreux bassins dont les aires se trouvent réduites aux plus petites proportions. Aucun de leurs sommets ne perçant la région des neiges éternelles, les sources qui en découlent tarissent à l'époque des chaleurs. Alors prairies et vergers se dessèchent. Tout, dans la campagne, prend un aspect désolé. Le lit des rivières lui-même n'est plus marqué à travers la plaine que par quelques rares flaques d'eau, de vastes étendues de cailloux roulés et des berges garnis au loin de tamaris.

Ces rivières prennent trois directions principales : les unes, celles du versant nord, les mieux pourvues d'eau, se rendent à la mer. Celles des hauts plateaux gagnent des lacs sans profondeur, comme aussi sans issue, que l'abondante évaporation de l'été met à peu près complétement à sec chaque année. Quant à celles du versant méridional, elles vont pour la plupart se perdre dans les sables. L'une de ces dernières, la Djeddi, semble avoir eu dans le passé un cours plus constant ou plus réel qu'aujourd'hui. Nous la verrons couler, comme aux beaux temps de Carthage, lorsque viendra le jour où les flots de la Méditerranée empliront de nouveau la dépression des Chotts, qui formait jadis la grande baie de Triton.

Depuis un certain nombre d'années, le lambeau de territoire africain dont la physionomie vient d'être succinctement esquissée se trouve en majeure partie soumis à la domination française. Si le succès couronne les efforts de la métropole, tôt ou tard l'Algérie entraînera nécessairement dans son orbite les deux contrées voisines, en les façonnant l'une et l'autre aux mœurs européennes. Mais, l'avenir de notre colonnie est encore incertain. Pour nombre d'esprits sérieux, l'histoire du passé repousse l'espérance. Ils considèrent que les Romains, éminemment colonisateurs, ont imprimé un cachet indélébile aux races de la Gaule, de la péninsule Ibérique et des rives du Danube, tandis que toute trace de leur longue domination sur les provinces d'Afrique a complétement disparu du type, des coutumes et du langage des peuples autochthones. Deux résultats si éloignés l'un de l'autre ne se comprennent, disent-ils, que par la différence des milieux. D'après eux, le soleil africain montre trop de rigueurs aux hommes d'Italie. Tant que Rome fut puissante, les Romains semblèrent prospérer au sud de la Méditerranée, parce que chaque jour la colonie renouvelait son sang au cœur de la métropole. Avec la décadence de l'empire, toute existence indépendante est devenue impossible. Un étiolement rapide s'est emparé de la race européenne, vouée dès-lors à une destruction fatale.

Peut-être cette explication renferme-t-elle une parcelle de la vérité ; cependant, il n'est ni juste, ni raisonnable d'en exagérer l'importance. Outre que la philosophie de l'histoire se dégage rarement de ses voiles avec tant de simplicité, la pensée répugne à admettre, sans une démonstration péremptoire, qu'un habitant de la Péninsule s'expose à périr par le climat, lorsqu'il franchit la faible distance qui le sépare de la terre Berbère, où il va retrouver partout les plantes de son pays. Si il en était ainsi, à quoi se réduirait donc le petit acclimatement ?

Bien des peuples prospères dans les âges passés ont cessé d'exister par des causes tout indépendantes du climat. Il n'est point admissible, par exemple, d'attribuer au climat la perte de Carthage. Carthage, colonie tyrienne favorablement placée au nord de son point d'origine, a grandi par degrés jusqu'à devenir une puissante République. Avant Rome, elle a dominé la Berbérie, et ce qui montre le mieux son implantation profonde dans le sol africain, c'est qu'elle ne fut pas seulement commerçante et guerrière : elle était agricole aussi. Magon, un de ses enfants, écrivit sur l'agriculture un traité fort estimé, que les Romains firent traduire dans leur langue. Suivant Diodore, « la contrée qu'Agathocle, après son débarquement en Afrique, traversa à la tête de son armée, était couverte de jardins, de plantations, et coupée de canaux qui servaient à les arroser. De superbes maisons de campagne décelaient les richesses des propriétaires. Ces demeures offraient toutes les commodités de la vie, car, dans l'intervalle d'une longue paix, les habitants y avaient entassé tout ce qui peut flatter la sensualité. Le sol était planté de vignes, d'oliviers et d'autres arbres fruitiers. D'un côté s'étendaient des prairies où paissaient des troupeaux de bœufs et de brebis ; de l'autre, dans les contrées basses, se trouvaient d'immenses haras. On voyait partout l'aisance, car les Carthaginois les plus distingués y avaient des possessions et rivalisaient de luxe. »

Oui, Carthage, après être parvenue à un degré de prospérité extraordinaire, après avoir fourni une longue période de conquêtes sur les îles de la Méditerranée occidentale et sur une grande partie de l'Espagne, après avoir lutté contre Massinissa et les Numides, après avoir longtemps balancé la fortune de Rome, a fini par disparaître sous les coups acharnés d'un vainqueur impitoyable, sans qu'il soit possible d'accuser en rien le climat.

Rome victorieuse releva Carthage de ses ruines, pour en faire une cité romaine florissante, après elle la première du monde. Mais à son tour, la puissance romaine y fut assaillie par des causes de destruction toutes semblables à celles qui avaient amené la chute de la cité punique. Jamais sa domination ne s'établit paisiblement dans l'intérieur des terres. La province d'Afrique était pour Rome une cause d'incessantes préoccupations : tantôt c'étaient des luttes contre Jugurtha et les Numides ; tantôt c'était la rivalité de Marius et de Sylla ; puis venait la guerre de César contre Juba, Labiénus, Scipion et tout le parti Pompéïen ; c'était le soulèvement de Tacfarinas ; c'étaient les incursions des Gétules et des Maures et des autres tribus du désert. Des soulèvements très-sérieux se produisent sous Dioclétien ; ensuite commencent sous Constantin les dissensions religieuses ; puis apparaît Firmus, dont la lutte peut être comparée à celle de Jugurtha, et enfin son frère Gildon. A quelques années de là se montrent les Vandales. Bien que leur nombre restreint, leur constitution politique, leurs guerres, un climat trop chaud pour des Germains, aient rendu leur puissance éphémère, le passage de ces hommes du nord ne s'en ajoute pas moins à toutes les autres causes de la décadence romaine. Des troubles continuels bouleversèrent l'Afrique pendant la domination byzantine, après le départ de Bélisaire, et la colonie, mûre pour l'invasion, n'était plus en état de résister lorsque apparurent les Arabes.

Elle succomba et disparut.

Cependant, il est absolument incontestable que partout en Europe, malgré les invasions victorieuses et des guerres intestines multipliées, l'esprit latin a survécu dans les mœurs et dans le langage des peuples asservis par Rome à l'époque de sa grandeur. Si une telle différence de résultat au nord et au sud de la Méditerranée n'est pas la conséquence du climat, où trouver son explication ?

On remarquera tout d'abord que les divers groupes ariens compris de nos jours sous la dénomination commune de races latines sont loin de porter l'empreinte romaine gravée sur les traits de leur visage, au même degré que dans leurs coutumes et dans leurs idiomes. Par conséquent, il est téméraire d'admettre, comme proposition évidente, que le sang d'un Printemps-Sacré sorti d'Albe jadis coule maintenant à flots chez les descendants de tous les peuples européens autrefois soumis à l'empire de Rome.

En vérité, l'âme seule de la glorieuse république se perpétue dans la succession des temps. Seule, elle a triomphé des convulsions intérieures et des invasions.

Trop nombreux pour vivre à l'aise dans leurs froides régions hyperboréennes, les Barbares, poussés par le besoin instinctif des jouissances physiques, se ruèrent vers les contrées opulentes de l'Europe méridionale, où ils trouvèrent des peuples amollis, incapables de leur résister. Mais toujours après la victoire leur domination resta purement matérielle, car aucun prétexte d'apparence supérieure ne les guidait dans leurs aventures. Une fois leurs conquêtes terminées, ils subissaient en politique l'influence prépondérante des coutumes implantées par la puissante législation romaine, tandis qu'en religion ils abandonnaient aisément leurs superstitions incohérentes, pour céder à l'action de l'unité chrétienne.

Le clergé, obligé d'enseigner le culte romain, garda nécessairement quelque teinte des lettres. On n'écrivait que dans la langue latine, qui était celle des gens d'église. C'est ainsi que de nouveaux dialectes, où se reconnaît le latin, naquirent à la longue du mélange de cet idiome avec des constructions et des termes étrangers.

En Berbérie, les événements suivent une marche différente, parce que les conquérants arabes apportent avec eux une civilisation avancée, que seconde une doctrine religieuse capable de fanatiser ses adeptes, comme aussi de diriger longtemps leurs efforts dans le même sens, pour se substituer par la persuasion, par l'intérêt ou par la violence aux croyances mystiques d'une doctrine rivale.

Il resta pourtant des chrétiens après l'invasion arabe, mais «leur exist3nce, vouée au mépris et aux outrages, exposée sans cesse à une complète extermination, ne fut qu'une longue lutte de souffrances » (1). Il en existait encore à Tunis à l'époque de l'expédition de Saint-Louis : les musulmans les jetèrent en prison quand ils apprirent que l'armée française avait touché les côtes d'Afrique.

Ainsi, des raisons d'ordre exclusivement politique et social suffisent à faire comprendre l'effacement rapide de la civilisation romaine en Numidie et en Mauritanie.

De nos jours, il est vrai, l'Italien qui se rend en Algérie trouve sur bien des points un sol inhospitalier. Mais il n'est pas mieux traité dans son propre pays. Cependant, on ne peut nier son acclimatement en Italie par ce que le séjour de la campagne romaine est fatal « depuis que les Cincinnatus ne conduisent plus la charrue qui sillonnait son sein... Quand on demande : Pourquoi ce séjour ravissant n'est-il pas habité ? L'on vous répond que le mauvais air ne permet pas d'y vivre pendant l'été.

« Ce mauvais air, affirme madame de Staël, fait, pour ainsi dire, le siège de Rome ; il avance chaque année quelques pas de plus, et l'on est forcé d'abandonner les plus charmantes habitations à son empire. Sans doute, l'absence d'arbres dans la campagne, autour de la ville, est une des causes de l'insalubrité de l'air ; et c'est peut-être pour cela que les anciens Romains avaient consacré les bois aux déesses, afin de les faire respecter par le peuple. Maintenant des forêts sans nombre ont été abattues... Le mauvais air est le fléau des habitants de Rome et menace la ville d'une entière dépopulation. »

Le mauvais air : voilà presque tout le secret de l'insalubrité d'Algérie. Des conditions analogues à celles qu'en son beau langage l'auteur de *Corinne* décrit pour Rome et ses environs avec une netteté parfaite exercent là-bas pareille influence sur la santé des aborigènes.

Ebn-Kraldoun rapporte, d'après d'autres auteurs, que vers 624 de l'Hégire (1227), la Mitidja, aujourd'hui délaissée des Arabes, était entièrement cultivée par les musulmans. Elle renfermait un grand nombre de villes et de villages. A ce moment des guerres ravagèrent toute la contrée par ordre des Almohades. Leurs luttes avec les Almoravides détruisirent les ouvrages de la civilisation par le vol et par le pillage. Depuis lors, la prospérité passée ne s'est pas relevée. Si elle n'a pas laissé de traces imposantes comme ces nombreuses ruines romaines éparses sur tout le territoire, c'est que les Arabes bâtissent à l'aide de matériaux qui résistent mal au temps. La terre glaise forme le fonds de

(1) *Carthage*, par Jean Yanoski.

leurs constructions, et les intempéries des saisons en viennent facilement à bout.

Après les Almohades, qui ne conservent pas longtemps leur conquête, les tribus se disputent continuellement la plaine à cause de sa fertilité.

Avec la domination des Turcs commence une nouvelle période de destruction : leur rapacité met obstacle à toute espèce d'élan, par des razzias sans cesse renouvelées. « Les Turcs ont tout paralysé, dit le docteur Quesnoy, ils ont appauvri le pays et préparé, par leur coupable insouciance, tous les maux qui frappent aujourd'hui la population agricole qui vient remuer les terres infécondes depuis de nombreuses années » (1).

Cependant, les Arabes ont un talent remarquable pour irriguer. « Il a fallu les circonstances exceptionnelles dont nous venons de parler pour laisser abandonné à lui-même un sol aussi productif, mais, le passé n'est pas sans retour pour la Mitidja. »

Le régime politique d'un peuple n'influe pas moins sur sa vitalité même que sur ses mœurs. Tout ce qui conduit à la décadence permet aux causes de destruction d'exercer leur empire, tandis qu'en mainte circonstance la prospérité sait lutter avec succès contre les obstacles de la nature. « L'homme n'est pas soumis fatalement à des influences dont il ne saurait surmonter aucune... S'il ne peut transformer le type général des climats.., il est le maître du terrain qu'il foule, le régulateur des influences de localité; il peut corriger beaucoup de causes nuisibles, se soustraire à celles qui sont réfractaires à son industrie ; par son intelligence et par son travail, il réussit à conquérir ses droits imprescriptibles à la vie et au bien-être, là où la nature marâtre a prodigué sous ses pas et sur sa tête comme un luxe d'insalubrité et de mort. » (2).

L'agriculture vient au premier rang des modificateurs hygiéniques du sol. Dès qu'elle prospère, elle répand au tour d'elle l'aisance et la santé. Mais ses débuts, toujours hérissés de difficultés, sont particulièrement redoutables dans les régions chaudes où règnent des endémies. Les défrichements y moissonnent les premiers colons, qui meurent empoisonnés par la terre, léguant à leurs successeurs, sans en avoir joui, les fruits inappréciables de leurs pénibles travaux.

Bien qu'en aucun pays les peuples autochthones ne soient absolument insensibles aux influences telluriques locales, ils s'en trouvent toutefois moins fâcheusement impressionnés que les étrangers. Aussi

(1) *Recueil des Mémoires de Médecine et de Chirurgie militaires*, 1865.
(2) Michel Lévy, *Traité d'Hygiène*.

faut-il , autant que possible , les employer aux travaux du sol.
M. le gouverneur de l'Algérie est donc sagement inspiré, quand il dit,
à propos de notre colonie, « qu'il ne peut être question de refouler les
indigènes et de combler le vide ainsi formé par l'introduction d'un
nombre suffisant de familles tirées d'Europe. Le respect des droits acquis , l'obligation de tenir nos promesses, l'intérêt du but élevé que
nous poursuivons, nous font un devoir de repousser une fois pour toutes, cette pensée que la France n'a jamais eue. » (1).

Une tâche immense s'impose à la civilisation pour assurer l'avenir
en Berbérie. Presque tout est à faire, ou plutôt à recommencer dans cette
contrée si riche et si prospère autre fois. Les plaines sont à drainer. Les
montagnes attendent leur reboisement. Toutefois les tentatives d'assainissement par la culture se multiplient de jour en jour, et les résultats
considérables dès maintenant acquis font naître les plus belles espérances. Ainsi Bouffaric, dont les premiers colons ont été moissonnés par la
fièvre de la Mitidja, est devenu un des centres agricoles les plus prospères de l'Algérie. Cette ville forme, avec la banlieu, une sorte d'oasis
très-habitable, au centre d'une région insalubre. Il y a là, comme sur
beaucoup d'autres points , un succès colonial incontestable provenant
de la seule transformation locale, ce qui permet d'espérer mieux encore
de l'extension progressive de l'assainissement à l'ensemble du pays.

Avec les progrès de la culture, les miasmes telluriques perdront partout de leur intensité. Un reboisement étendu améliorera le régime
des eaux, et les grandes forêts tamiseront les vents du sud , dont la
pénétrante poussière est peut-être aussi délétère pour l'organisme que
les plus pernicieuses des émanations paludéennes.

Même dans les saisons où la température du siroco n'est pas très-
élevée, l'homme soumis à son influence s'en trouve singulièrement
énervé, et quelques heures suffisent à ce souffle aride du désert pour
dessécher les fleurs et les jeunes pousses de nos plantes d'Europe, avec
plus d'énergie que n'en montrent dans nos climats les gelées tardives
du printemps. Multiplier les obstacles sur sa route , pour amender son
action malfaisante , doit donc être un des principaux objectifs de la
colonisation. Ainsi que la remarque en a été faite plus haut, l'Atlas
élève déjà en travers de son parcours une barrière naturelle qui le
gêne dans sa marche et le refroidit. Les forêts projetées ne peuvent
manquer de le tempérer encore. Aussi ne saurait-on trop féliciter l'ad-
ministration et les grandes compagnies, pour les travaux considéra-

(1) Exposition de la situation de l'Algérie à l'ouverture du conseil supérieur
du gouvernement (14 novembre 1876).

bles de boisement dont elles donnent l'exemple. Encouragés par leurs succès, bien des colons ont commencé à faire eux-mêmes des plantations.

Ces plantations varient avec la nature du sol : toutes ne sauraient prospérer à un égal degré dans la plaine et sur la montagne. Parmi les diverses essences employées, l'eucalyptus paraît avoir le plus brillant avenir Il résulte d'une enquête faite par les soins de la Société de climatologie d'Alger que l'on peut considérer dès à présent comme un fait acquis son influence excellente sur l'hygiène de la contrée. « Partout où il a été planté en massifs d'une certaine importance, comme à Baïnen, au lac Fetzara, à Biscra, dans les plaines de la Macta et de l'Abra, à Aïn-Mocra, les fièvres intermittentes ont sensiblement diminué en fréquence et en gravité. » Par ses proportions gigantesques, atteintes en un petit nombre d'années, cet arbre qui modifie si favorablement le milieu respirable des localités marécageuses est encore, plus que tout autre, propre à exercer une action salutaire sur le degré hygrométique de l'air, toujours trop faible quand arrivent les haleines du Sahara.

Ainsi, les deux principales entraves opposées par la nature à la colonisation algérienne, c'est-à-dire l'humidité malsaine du sous-sol des plaines et la sécheresse désorganisante de l'atmosphère, toutes contraires qu'elles sont l'une à l'autre, peuvent être combattues avec avantage par un même moyen, sans que l'on ait à craindre ici de se précipiter dans Charybde pour éviter Scylla.

Mais, les plus heureuses modifications que l'avenir réserve au climat berbère lui viendront un jour du retour des flots méditerranéens dans la vaste région des Chotts. Non, cependant, que la surface liquide prenne jamais une étendue suffisante (1) pour abaisser d'une manière sensible la moyenne thermométrique du pays, pas plus que pour augmenter le régime des pluies locales par la seule action directe de son évaporation, quelque active qu'elle soit d'ailleurs. Ce serait s'illusionner que d'en attendre des changements atmosphériques si considérables. Par son rôle beaucoup plus modeste, quoique très-utile encore, la nappe liquide sud-est algérienne rappellera simplement le vase plein d'eau, employé parfois dans le but d'humecter l'air de nos demeures grillé à la chaleur d'un foyer trop ardent. Il est à prévoir, en effet, que les données thermométriques resteront à peu près ce qu'elles sont aujourd'hui, et que, seule la marche de l'hygromètre subira des modifications appréciables, lors-

(1) 320 kilomètres de longueur sur un largeur moyenne de 60 kilomètres. (Capitaine Roudaire, *Revue des Deux-Mondes*, 1874.)

que les vents du désert trouveront à se mouiller en traversant le golfe.
Toute la Tunisie et une forte partie du territoire français d'outre-mer
n'en ressentiront pas moins l'influence bienfaisante de ce nouvel état
de choses. Le siroco n'agira plus sur la nature organisée avec la même
énergie parcheminante. Peut-être même, à certaines époques, laissera-t-
il tomber de légères ondées sur les pentes méridionales des premières
montagnes. Quant aux pluies venues du Nord, elles augmenteront de
fréquence et d'intensité, parce que les vapeurs de la Méditerranée et de
l'Océan, au lieu de se dissoudre, comme aujourd'hui, dans un milieu
atmosphérique avide d'eau, se condenseront sur les sommets de l'Aurès,
où dès-lors l'on verra des neiges plus abondantes persister plus longtemps. Mainte source tarie depuis des siècles coulera de nouveau. Toutes
les fontaines acquerront un débit plus considérable. Les ravins arides et
desséchés de la montagne, sortes de gouttières roulant en un petit
nombre d'heures chaque année l'eau bourbeuse de quelques pauvres ora-
ges, entendront bruire des ruisseaux permanents, aux abords pleins de
fraîcheur, qui courront se répandre dans la plaine, pour rendre leur fertilité des vieux âges à de vastes espaces maintenant brûlés et stériles.

Un autre bienfait de la grande baie dè Triton résultera de l'obstacle
qu'elle opposera nécessairement à la migration périodique des saute-
relles vers le nord, où ces insectes dévastateurs vont librement ravager
les campagnes. Des myriades d'entre elles ne parviendront pas à franchir
le nouveau bras de mer. Elles se précipiteront dans ses flots par nuées,
avec l'inévitable fatalité qui, de nos jours, les pousse toutes jusqu'aux
profonds abîmes de la Méditerranée.

Une fois cet ensemble de résultats grandioses obtenu, la prospérité
Berbère prendra tout son essor, car déjà, même avec l'état de choses
actuel, les naissances de la population européenne surpassent ses décès.
De 1866 à 1872 (six années), le chiffre de l'excédant s'est élevé à 2.477.
Il est encore en progrès depuis. Suivant *la Correspondance Algérienne* (1),
de 1872 à 1875 (trois années), le gain a été de 5.784 personnes se répar-
tissant ainsi : Français 2.212 ; Espagnols 2.560 ; Italiens 956 ; Maltais 505 ;
gens de nationalités diverses, non compris les Allemands, 64. Les Allemands n'ont eu que 453 naissances pour 606 décès.

Dans la période de 1866 à 1872, le gain des Français n'avait été que
de 258 et celui des Espagnols de 1.353. Il s'était élevé à 1.178 pour les

(1) Renseignements puisés au *Journal officiel* du 31 octobre 1876. — En addi-
tionnant le détail par nationalité de l'excédant des naissances, on trouve 3.077, au
lieu de 2.477, pour la période de 186.. à 1872, déduction faite d'une perte de 218
Allemands. La même opération donne 6.144, au lieu de 5.784 pour la période de
1872 à 1875.

Italiens et à 506 pour les Maltais. Les Allemands avaient une perte de 218 individus

Assurément nos colons Français ne présentent point encore un excédant de naissances proportionné à leur supériorité numérique. Mais la constatation seule de cet excédant, à progression rapide d'ailleurs, constitue par elle-même un fait dont il est aisé de saisir l'importance capitale. D'autant plus que les données statistiques fournies par la *Correspondance* expriment d'une manière incomplète l'accroissement naturel des Algériens. Bien des gens, en effet, nés au dehors, viennent finir leurs jours en Algérie, comme colons ou comme valétudinaires, tandis que peu d'enfants de la colonie vont mourir ailleurs. Puisque les immigrants ne figurent pas aux naissances, il serait très-logique de ne les point porter au nombre des décès. L'excédant des naissances doit en être augmenté d'une quantité presque égale.

Donc, il est acquis dès aujourd'hui que le Français se reproduit en Algérie à la première génération. L'épreuve qui se fait pour la seconde sera concluante aussi, comme tout porte à le croire, et le succès définitif de la colonisation semble même bien près d'être complétement assuré. Il le sera d'autant plus vite que le recrutement des colons s'effectuera avec plus de discernement. Les Français de la basse vallée du Rhône et des rivages méditerranéens sont particulièrement propres à mener cette grande œuvre à bonne fin. Ariens acclimatés depuis de longues années dans des régions plus froides que le berceau de leur race, ils peuvent tenter un pas pour se rapprocher à nouveau des hautes latitudes. C'est à peine si un Provençal se dépayse en passant de Marseille à Alger, où, il est vrai, le mistral ne le poursuit pas. A Blida, l'habitant de Nîmes peut se croire chez lui. Le paysan de l'Ardèche retrouve ses montagnes en Kabylie : peut-être y éprouve-t-il quelque surprise en découvrant partout des oliviers magnifiques, plus nombreux et plus beaux que ceux de son pays. Pour eux tous, traverser la Méditerrannée, c'est faire du petit acclimatement. A un degré moindre, les habitants du versant girondin trouvent encore des facilités réelles pour s'établir en Algérie. Mais, tous les Français nés au nord de la Loire abordent déjà le redoutable problème du grand acclimatement, dès qu'ils cherchent à fixer leur demeure sur un point quelconque de nos possessions Berbères. Quant aux aborigènes des rives de la Manche et du bassin froid et brumeux de la mer du Nord, le succès est pour eux à peu près impossible.

En dehors du fait spécial de l'immigration fournie par la métropole, le concours actif de la France restera indispensable, pendant de longues années, pour mener l'Algérie à sa majorité. Trop peu nombreuse encore, la population européenne ne saurait dès maintenant soutenir à elle seule une lutte efficace contre les insurrections arabes, toujours à redouter. Il ne lui est pas possible, non plus, de tirer de son propre sein, en quantité suffisante, les ressources pécuniaires nécessaires à l'exécution des immenses travaux d'assainissement dont il a été parlé plus haut. Mais, aux colons français incombe le devoir de ne pas laisser improductifs les sacrifices de la mère-patrie. S'inspirer, pour eux et pour leurs enfants, des meilleurs préceptes de l'hygiène, doit être leur première et constante préoccupation. (Il est à noter ici que la thérapeutique moderne leur offre, en la quinine, une substance antifébrile merveilleuse, inconnue des Romains). Puis, comme rien dans leur société ne rappelle la classe ouvrière du sol constituée par nos paysans de France; comme l'agriculture a de rudes labeurs sous le ciel algérien, ils se montreront pleins de sagesse en confiant les plus pénibles travaux des champs aux indigènes, auxiliaires indispensables de leur tâche laborieuse, qu'ils doivent traiter avec douceur, afin de les conduire sûrement par la justice à l'oubli de notre domination. Ils ont aussi à multiplier leurs alliances avec les races espagnole, maltaise, sicilienne, arabe, dont l'acclimatement n'est pas contesté; car l'accroissement de la natalité sera d'autant plus rapide que l'expression d'une gamicie contractée dans ces conditions particulièrement favorables se traduira par un chiffre plus élevé. Sans doute, en procédant ainsi, l'on n'obtiendra point une race française pure. Mais combien il serait puéril de vouloir poursuivre sur le sol Berbère un idéal qui n'existe nulle part en France, pas plus à Paris qu'à Lyon, à Bordeaux qu'à Strasbourg, à Lille ou à Rennes qu'à Toulouse et à Montpellier. Implanter en Algérie le langage, les mœurs, la civilisation, l'esprit de la métropole, voilà le but possible, le vrai, le noble but à atteindre. Par là notre riche colonie, à la gloire de la France, vivra la longue vie d'un peuple dans le cours des siècles futurs. Déjà l'avenir s'annonce plein de promesses pour elle, et bientôt elle sentira renaître à la lumière du beau soleil d'Afrique la splendeur disparue d'Hippone et de Carthage.

Juillet 1877.

LIMOGES. — IMPRIMERIE DE BARBOU FRÈRES.

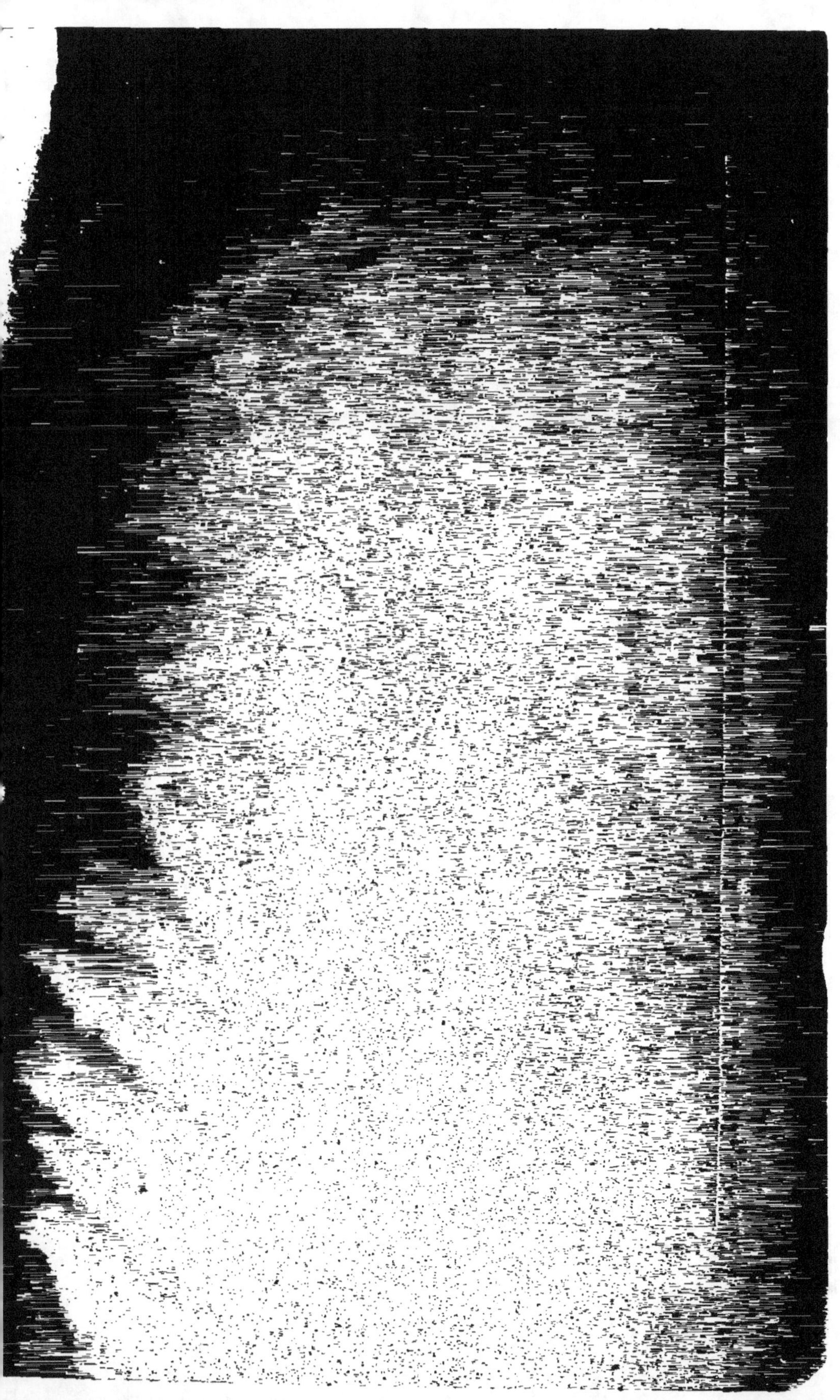